Bianka-Maria Bernecker

Patchwork

24 Ideen

zum Nacharbeiten

Umschlaggestaltung:
Ekkehard Drechsel
Umschlagfoto: Ernst Fesseler
Fotos: Thomas A. Weiss
Illustrationen: Niels Jüppner
Gesamtherstellung:
Printed in Germany

94 93 92 91 4 3 2 1

ISBN 3-473-45615-2

CIP-Titelaufnahme der
Deutschen Bibliothek

Patchwork:
24 Ideen zum Nacharbeiten/
Bianka-Maria Bernecker. –
Ravensburg: Ravensburger
Buchverlag Maier, 1991
(Ravensburger Creativ)
ISBN 3-473-45615-2

Bianka-Maria Bernecker

Patchwork

24 Ideen zum Nacharbeiten

Otto Maier Ravensburg

Ravensburger CREATIV

Inhalt

Vorwort

Dieses Buch soll Ihnen ein altes Kunsthandwerk, nämlich Patchwork, nahebringen. Es ist so konzipiert, daß besonders Anfängerinnen, die Spaß am Nähen und im Umgang mit Stoffen haben, hübsche Dinge für sich und andere anfertigen können. Es soll auch Anregung für alle jene sein, die schon einmal Patchwork gemacht haben, jedoch neue Ideen brauchen, wie sie Patchwork auch anders anwenden können.
Es gibt eine Fülle von Stoffen, die sich für Patchwork eignen. Unter der Rubrik „Stoffe" im kleinen Patchwork-Alphabet auf Seite 7 finden Sie die für Sie wichtigen Angaben.
Wenn Sie sich größere Objekte und komplizierte Muster zu Anfang noch nicht zutrauen, beginnen Sie am besten mit dem „Set mit Rechtecken" auf Seite 12. Danach werden Sie sicher mehr Mut haben und nach und nach die Vorschläge in Angriff nehmen, die dieses Buch bietet.
Um einen großen Wandteppich (Seite 58/59) zu entwerfen und in die Tat umzusetzen, braucht man ein wenig Routine. Mit jedem Modell, das Sie nacharbeiten, zum Verschenken oder für sich selbst, wächst Ihre Freude an diesem alten Handwerk. Zugleich wächst aber auch Ihre Routine. So werden Sie zum Schluß selber Muster entwerfen und zu eigener Gestaltung kommen.
Nun wünsche ich Ihnen viel Spaß und gutes Gelingen für Ihre Arbeit.

Ihre Bianka-Maria Bernecker

Material, Tips und Technik

Patchwork setzt sich zusammen aus vielen kleinen Einzelteilen, die aus verschiedenen Stoffen ausgeschnitten werden. Durch besondere Farbzusammenstellungen und Hell-Dunkel-Effekte sind immer wieder neue Wirkungen möglich, auch wenn das graphische Grundmuster gleich bleibt.
Populär wurde Patchwork durch die amerikanischen Siedler, die in Ermangelung von neuen Stoffen (Webereien gab es noch nicht) aus alten, brauchbaren Stücken neue, wärmende Dinge nähten, wie zum Beispiel Bettdecken. Sie zu schönen Mustern zusammenzusetzen, war ihr Bestreben, um die damals noch recht trostlose Umgebung zu verschönern. Die Bettdecken waren aber nicht sogenannte Tagesdecken, wie wir sie heute kennen, sondern sollten wärmende Zudecken sein. Sie wurden mit Schafwolle gefüllt, die man in Lagen zwischen Patchworkvorderseite und Rückseite brachte. Damit beides nicht verrutschte, steppte man alle drei Lagen in schönen Mustern zusammen (Quilten).
Aus der Zeit der Pharaonen sind Baldachine erhalten, die aus unzähligen kleinen, verschiedenfarbigen Lederstücken zusammengenäht wurden. Viele Volksstämme haben aus Stoffstücken mosaikartig zusammengesetzte Muster gefertigt. Später, in den Adelshäusern, bestand das Material dann aus edlem Brokat und Seide und war zudem oft mit Stickereien aus Metallfäden dekoriert.
Heute lebt diese überlieferte Volkskunst auch in Europa wieder auf. Allerdings mit wunderschönen kleingemusterten und unifarbenen Stoffen, in denen wir schwelgen können.

Das Schöne an diesem Kunsthandwerk ist eben die Vielfalt der Möglichkeiten, Stoffe unterschiedlichen Dessins immer wieder zusammenzusetzen und damit ständig neue Eindrücke zu erzielen.
Anfängern soll die Vorgabe der Dessins, die in diesem Buch verwendet wurden, den Einstieg erleichtern. Später sind Sie bestimmt mutiger und stellen Ihre eigenen Kompositionen zusammen.
Sehr wichtig ist, daß alle Arbeitsgänge exakt ausgeführt werden. Das beginnt schon beim Herstellen der Schablonen, beim Markieren und Ausschneiden des Stoffs und endet beim Nähen. Die Summe kleiner Ungenauigkeiten ergibt unter Umständen ein unschönes Endprodukt – und das sollten Sie vermeiden.
Es ist deshalb auch sinnvoll, das kleine Patchwork-Alphabet vor Beginn genau zu studieren. Es erleichtert Ihnen die Arbeit.

Kleines Patchwork-Lexikon

Bügeln
Alle Nähte müssen vor dem nächsten Arbeitsgang immer sorgfältig gebügelt werden. Achten Sie darauf, daß die Teile sich dabei nicht verziehen, also nicht zu sehr in verschiedene Richtungen pressen. Die Nähte nicht auseinander, sondern geschlossen in eine Richtung bügeln. Nachfolgende Nähte, die die vorhergehenden überschneiden, sollten Sie möglichst in die andere Richtung bügeln. Sie vermeiden damit Wulstbildungen.

Fadenlauf
Sie legen die Schablonen zur Markierung so auf den Stoff, daß eine Seite parallel zum Fadenlauf des Stoffes liegt. Es verringert das Verziehen des ausgeschnittenen Stück Stoffs.

Füllwatte
Bei den gezeigten Modellen wurde als Füllmaterial Dacronfill, eine pflegeleichte Kunstfaser, oder ein Schafwollvlies verwendet. Sie können aber auch für manche Gegenstände Molton oder Baumwollvlies nehmen. Dacronfill und Schafwollvlies gibt es vom Meter. Es liegt 140 cm breit.

Füßchenbreite
Um die Nahtzugaben beim Fertigen der Schablonen berechnen zu können, benötigen Sie die Füßchenbreite Ihrer Nähmaschine. Das berechnen Sie so: Nadeleinstich bis zum rechten Rand des Füßchens ist die Füßchenbreite. In der Regel beträgt sie 0,6 bis 0,7 cm.

Garn
Sie verwenden am besten weißes Baumwollnähgarn der Stärke 50. Zum Absteppen auf den Vorderseiten jedoch farblich passende Garne.

Markieren
Zum Markieren auf Stoff sollten Sie immer einen spitzen Bleistift oder spitzen Filzschreiber (fine line) verwenden. Den Stift immer senkrecht entlang der Schablone führen.

Nadeln
Nähmaschinennadeln der Stärke 70 oder 80 eignen sich bestens.

Nahtschatten
Dieses Wort bedeutet, daß Sie im „Schatten", also unmittelbar an der Naht zwischen zwei Stoffen nähen.

Patchwork
(engl.-amerik.)
Technik oder Stoffstück; Zusammensetzen verschiedener kleiner Stoff- oder Lederstücke in verschiedenen Formen, Farben und Mustern für Kleiderstoffe, Decken, Wandbehänge o.ä.

Schablonen
Die abgebildeten Schablonen sind alle ohne Nahtzugaben gezeichnet. Diese muß jedoch beim Fertigstellen der Schablone unbedingt dazugegeben werden, damit die Einzelteile nachher zusammenpassen. Sie nehmen für das Muster (z.B. Ohio Star = 2 Schablonen) die entsprechenden Schablonen aus dem Buch ab (abpausen) und kleben die Teile auf ein Stück Pappe; Achtung: Bewahren Sie Abstände! Dann markieren Sie sich um alle Teile die Nahtzugaben (also 0,6 oder 0,7 cm) und schneiden die Teile sorgfältig aus. Vermeiden Sie Ungenauigkeiten, damit das Nähergebnis entsprechend schön ist.

Schrägbänder
Gibt es in ca. 60 verschiedenen Farben. Die Schrägbänder sind vorgefalzt, das heißt, sie können durch einfaches Umklappen in einem Arbeitsgang angenäht werden.

Stoffe
Für die hier vorgestellten Stoffe eignen sich besonders gut feingewebte Baumwollmaterialien. Bei den gezeigten Modellen wurden amerikanische Baumwolldessins der Firma SMYRNAFIX verwendet. Sie sind 115 cm breit, und es gibt sie in ca. 400 Dessins und Unistoffen.

Waschen
Es empfiehlt sich, die Stoffe vor der Verarbeitung zu waschen und zu bügeln. Die hier verwendeten Stoffe haben zwar nur einen Einsprung von 3 – 4 % und können bis 60° C gewaschen werden, jedoch ist die Gefahr des unterschiedlichen Einsprungs bei Materialmix groß.

Und so wird's gemacht:

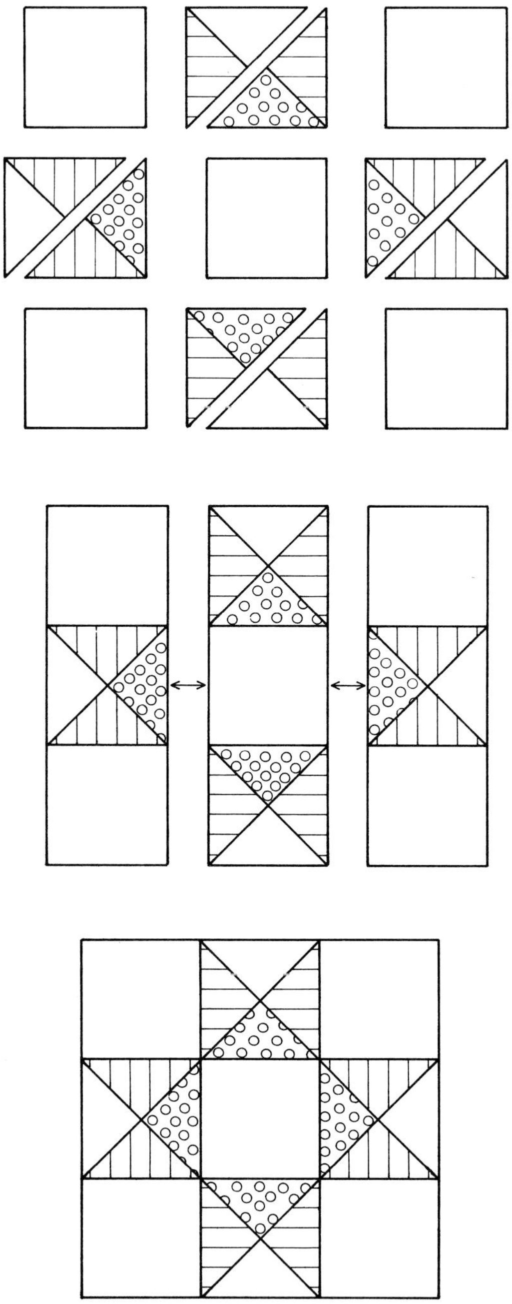

Ohio Star

Der hier in verschiedenen Farbkompositionen vorgestellte Ohio-Star setzt sich aus zwei Schablonen zusammen, nämlich einem Dreieck und einem Viereck.
Die Schablonen finden Sie im hinteren Teil des Buches. Denken Sie immer daran, daß zu den abgenommenen Schablonen noch die Füßchenbreite Ihrer Maschine hinzugemessen werden muß. Wie Sie das machen, ist im „Kleinen Patchwork-Lexikon" beschrieben.
Im nachfolgenden Diagramm sind die einzelnen Nähschritte genau beschrieben und bei den jeweiligen Projekten auch die genauen Stoffmengen.
Sie legen sich die Teile so zurecht, wie sie anschließend zusammengenäht werden sollen, um Irrtümer auszuschließen.
Sie fangen so an, daß Sie erst die Dreiecke zu einem größeren Dreieck aneinandernähen, ausbügeln und dann die neu entstandenen Dreiecke zu einem Viereck zusammensetzen. Das machen Sie ringsherum und bügeln alles gut aus. Dann fügen Sie die Vierecke zu Längsstreifen aneinander, bügeln wieder und nähen die Längsstreifen zu einem großen Quadrat zusammen.

Little Love Nest

Hierbei wird eine Vierzahl von Schablonen benötigt, nämlich sieben verschiedene, die in unterschiedlicher Menge ausgeschnitten werden müssen. Bei jedem der Projekte ist dies im einzelnen angegeben.

Im nachfolgenden Diagramm sind die einzelnen Nähschritte genau beschrieben:
Einzelteile zu Streifen zusammennähen.
Anschließend die vier Streifen in der abgebildeten Reihenfolge zusammennähen.
Sie erhalten so einen kompletten Block „Little Love Nest".

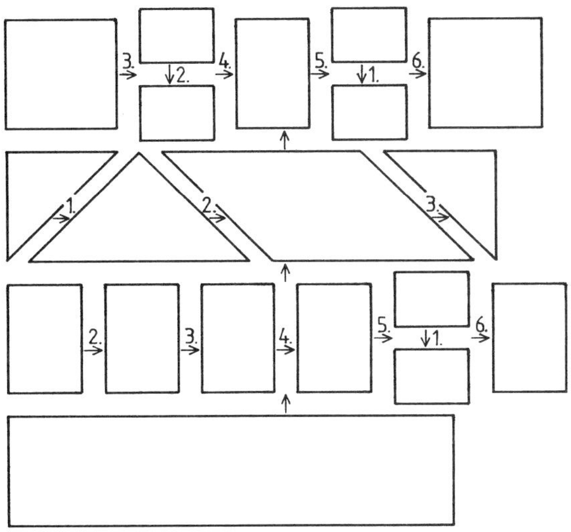

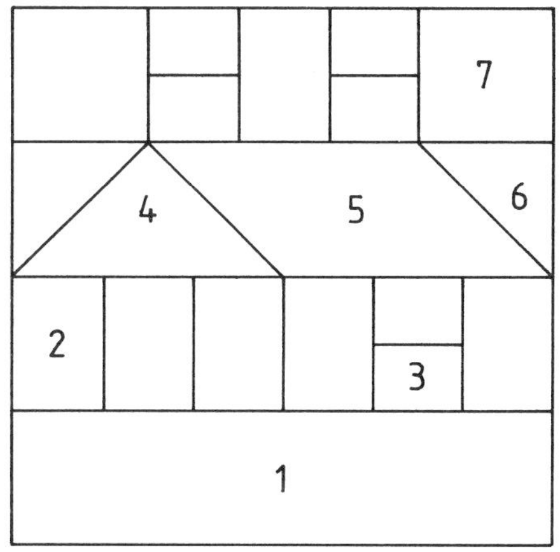

Kaleidoscope

Beim „Kaleidoscope" werden zwei verschiedene Größen vorgestellt. Sie benötigen zwei verschiedene Dreieck-Schablonen der jeweils für das Projekt angegebenen Größe. Die Schablonen für das kleine Kaleidoscope sind mit *Kaleidoscope a* und *Kaleidoscope b* bezeichnet, die Schablonen für das große Kaleidoscope mit *Kaleidoscope A* und *Kaleidoscope B.*

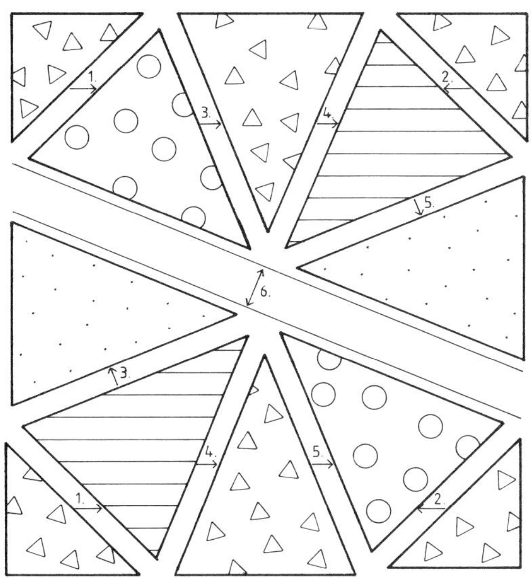

Log Cabin

„Log Cabin" ist eines der einfachsten Patchworkmuster, und Sie werden nach den ersten genähten Blöcken feststellen, auch enorm wandelbar. Nicht nur der Effekt hell – dunkel diagonal gegeneinandergesetzt macht diesen Reiz aus, sondern auch die vielen Möglichkeiten, Farbspiele vorzunehmen, z.B. Rot gegen Grün oder Hellblau gegen Rosa zu stellen.
„Log Cabin" setzt sich zusammen aus einem Quadrat und aus Streifen, die um dieses Quadrat genäht werden.
Sie nehmen ein Quadrat (genaue Größenangaben sind in den jeweiligen Projekten angegeben) und legen den ersten hellen Stoffstreifen rechts auf rechts an der oberen Seite bündig an das Quadrat und steppen füßchenbreit ab.

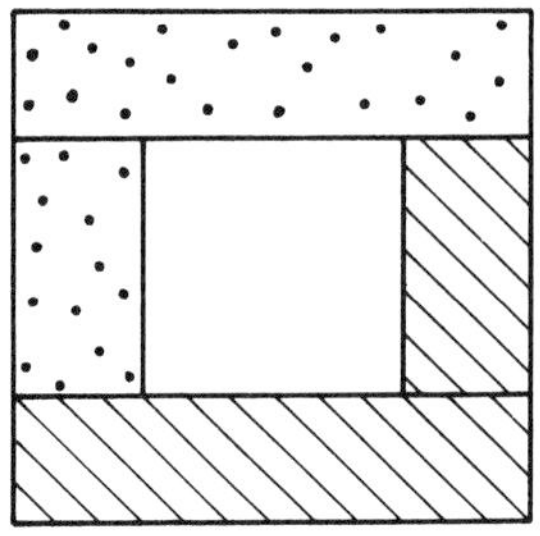

Der Überstand des Streifens am Ende des Quadrats wird abgeschnitten.
Auf der gegenüberliegenden Seite verfahren Sie genauso, nähen jedoch den ersten dunklen Stoff an. Wieder den Überstand abschneiden und die Nähte umbügeln.
Jetzt nähen Sie den ersten hellen Streifen an die Längsseite (Oberkante ist der helle Stoff) und an die gegenüberliegende Seite den ersten dunklen Stoff und bügeln wieder die Nähte um.

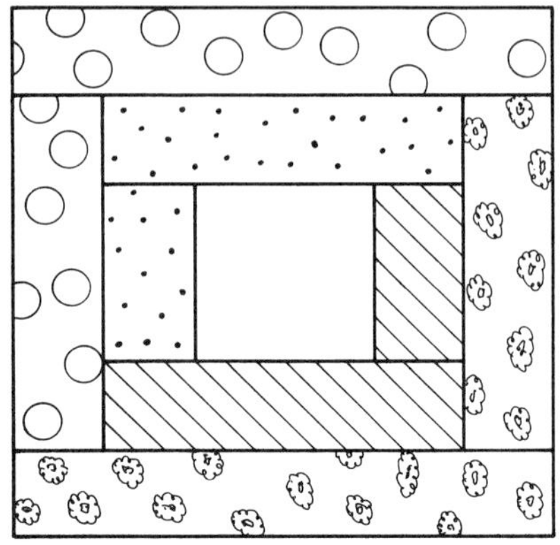

Sie sehen jetzt schon, was gemeint ist mit: Hell und Dunkel liegen sich diagonal gegenüber.
Als nächstes nehmen Sie den zweiten hellen Stoff und nähen ihn wie den ersten an und dann – gegenüberliegend – den zweiten dunklen Stoff und so fort. Sie verfahren weiter so bis zur jeweils endgültigen Größe des Projektes.

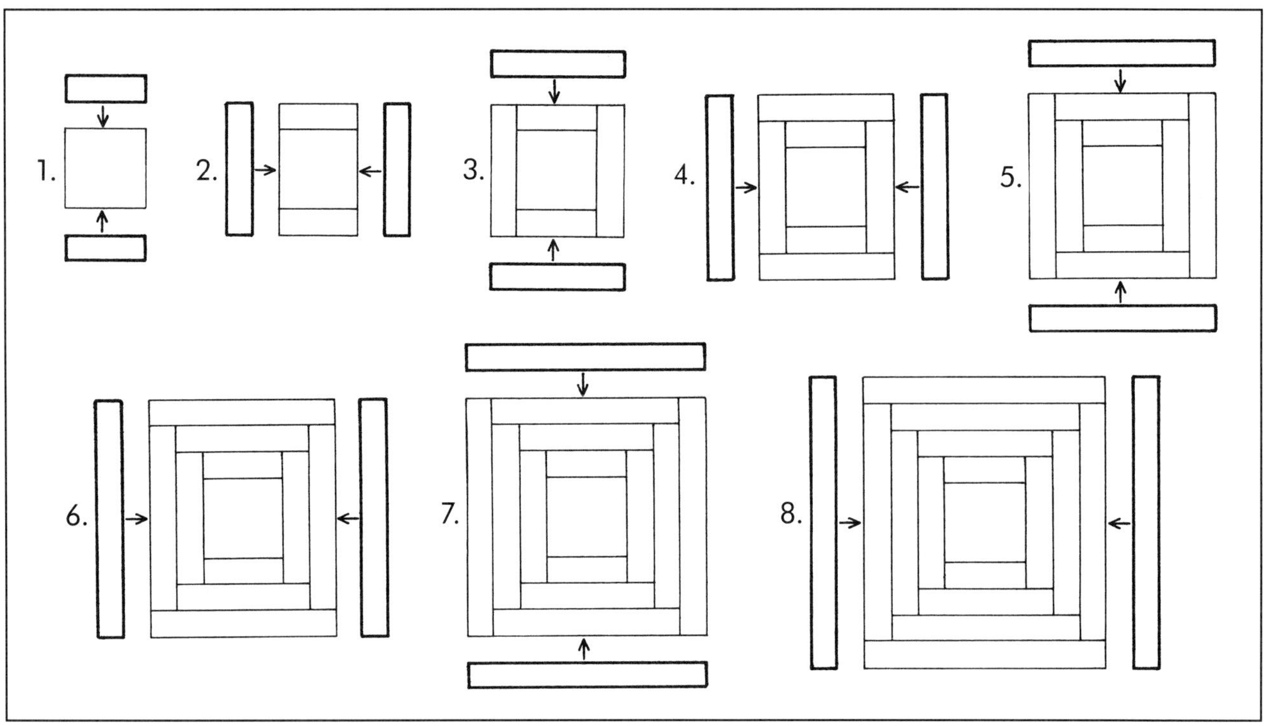

Im Diagramm sind die einzelnen Schritte noch einmal besonders deutlich gemacht. Sie werden feststellen, daß die Vielfalt in der Zusammenstellung vieler Blöcke zu einem Ganzen immer Überraschungen in der Farbwirkung bringt, je nachdem, wie Sie die hellen und die dunklen Farben einander zuordnen, ob nun beispielsweise zu Kreuzen, zu Diagonalen oder im Quadrat. Nicht zuletzt – ganz praktisch gesehen – spielt auch die Restverwertung eine Rolle.

Courthouse Step

Das Motiv „Courthouse Step“ unterscheidet sich von „Log Cabin“ nur in der Farbanordnung.
Die Stoffstreifen werden ebenfalls paarweise um ein Mittelquadrat genäht, aber gegenüber und nicht – wie bei „Log Cabin“ – diagonal gegeneinander.
Genäht wird jedoch in der gleichen Reihenfolge: Die Streifen, die sich gegenüberliegen, werden unmittelbar nacheinander angenäht.

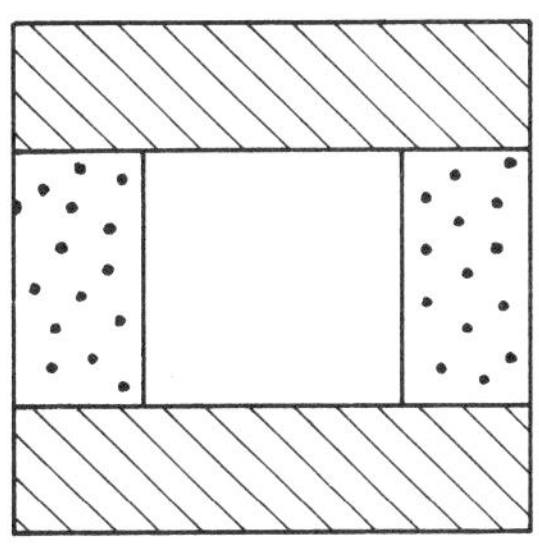

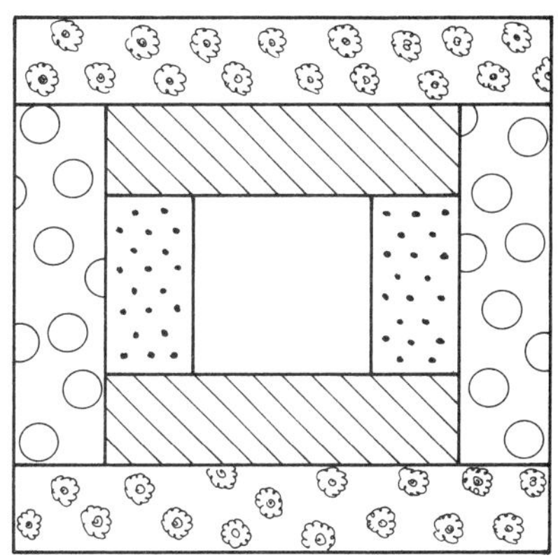

Set mit Rechteck

Material:	Creme uni:	30 cm (115 breit)
	2 verschiedene Seegrün gemustert:	je 30 cm (115 breit)
	Schrägband:	150 cm

Anleitung:

1. Schneiden Sie ein Rechteck in den Maßen 20 x 11 cm aus einem der gemusterten Stoffe.

2. Aus den restlichen Stoffen je einen Streifen von 4 cm schneiden (von dem Stoff, der an der Außenseite liegen soll, brauchen Sie zwei Streifen).

3. Nähen Sie die Streifen um das Rechteck, beginnend mit dem cremefarbenen an der einen Schmalseite, dann die gegenüberliegende, danach die beiden Längsseiten. Fahren Sie so fort mit den beiden anderen Stoffen. Der äußere Stoff ist die Wiederholung des Rechtecks.

4. Schneiden Sie entsprechend der Vorderseite die Rückseite aus dem cremefarbenen Stoff zu, legen die Teile aufeinander und steppen an zwei verschiedenen Stellen im Nahtschatten die beiden Lagen durch.

5. Mit Schrägband einfassen.

Kissenhülle „Ohio-Star"

Material:

Dunkelblau gemustert:	20 cm (115 breit)
Pinkfarben uni:	20 cm (115 breit)
Creme uni:	60 cm (115 breit)

Anleitung:

1. Die Schablonen von Seite 62 abnehmen.

2. Vom Dreieck benötigen Sie aus dem dunkelblau gemusterten Stoff acht Teile, vom cremefarbenen vier und vom pinkfarbenen Stoff vier Teile. Von den Vierecken werden fünf Teile aus dem pinkfarbenen Stoff gebraucht. Sie übertragen die Schablonen auf den jeweiligen Stoff und schneiden sie aus.

3. Sie legen sich die Teile so zurecht, wie sie anschließend zusammengenäht werden sollen, um Irrtümer auszuschließen.

4. Fangen Sie so an, daß Sie erst die Dreiecke zu einem größeren Dreieck zusammennähen, ausbügeln und dann die neu entstandenen Dreiecke zu einem Viereck zusammensetzen. Das machen Sie ringsherum und bügeln alles gut aus.

5. Dann fügen Sie die Vierecke zu Längsstreifen aneinander, bügeln wieder und nähen die Längsstreifen zu einem großen Quadrat zusammen. Für die Arbeitsschnitte 3 bis 5 vgl. auch Skizzen auf Seite 8.

6. Sie haben ein Quadrat von ca. 26 cm erhalten, um das Sie einen Streifen von 3 cm Breite nähen, und zwar erst an die sich gegenüberliegenden Seiten, dann an die anderen.

7. Aus dem cremefarbenen Stoff schneiden Sie zwei Streifen von 6,5 cm Breite und nähen sie wie vorher an.

8. Schneiden Sie eine Rückseite aus dem cremefarbenen Stoff entsprechend der Größe der Vorderseite, legen die rechten Seiten aufeinander und nähen drei Seiten zu. Die Ecken etwas abschneiden, umstülpen, Reißverschluß einnähen. Die Kissenhülle ist 40 x 40 cm groß.

Die drei im Bild gezeigten Kissenhüllen werden im Buch beschrieben:
Ohio Star (auf dem Stuhl): Beschreibung auf dieser Seite;
Courthouse Step (links unten): Beschreibung auf Seite 16;
Kaleidoscope (unten rechts): Beschreibung auf Seite 18.

Kissenhülle „Courthouse Step"

Material:

Dunkelaltrosa uni:	50 cm (115 breit)
3 Hellrosa gemustert:	je 20 cm (115 breit)
3 Dunkelrosa gemustert:	je 20 cm (115 breit)
Dunkelblau:	10 cm (115 breit)
Reißverschluß	

Anleitung:

1. Schneiden Sie von den gemusterten Stoffen je einen Streifen von 4,5 cm sowie einen Streifen aus dem altrosa Unistoff. Aus dem dunkelblauen Stoff schneiden Sie ein Quadrat von 4,5 cm.

2. Nähen Sie die Streifen an das Quadrat wie auf Seite 10 im Diagramm „Log Cabin" beschrieben. Der erste und der letzte Stoff wiederholt sich. Die Arbeit unterscheidet sich lediglich in der Anordnung der Farben. Sie nähen also immer die hellen bzw. dunklen Stoffe an die sich gegenüberliegenden Seiten an. Sind alle acht Streifenpaare angenäht, werden zwei Streifen von 2,5 cm Breite und 115 cm Länge zugeschnitten und angenäht, und zwar wie vorher, erst die gegenüberliegenden Seiten, dann die anderen.

3. Ihre Kissenplatte erhält nun noch eine Umrandung aus dem dunklen altrosa Unistoff. Dazu schneiden Sie zwei Streifen von 115 cm Länge und 9,5 cm Breite zu und nähen sie wie vorher an.

4. Ihre Kissenplatte muß jetzt eine Größe von ca. 41,5 cm im Quadrat haben. Schneiden Sie die Rückseite aus dem dunklen altrosa Stoff entsprechend der Größe der Vorderseite zu. Rechts auf rechts legen und an drei Seiten absteppen. Die Ecken etwas abschneiden, umstülpen und den Reißverschluß einnähen.

Kissenhülle „Kaleidoscope"

Material:	2 Hellblau gemustert:	je 20 cm (115 breit)
	2 Dunkelblau gemustert:	je 20 cm (115 breit)
	Hellblau uni:	45 cm (115 breit)
	Reißverschluß	

Anleitung:

1. Schablonen *Kaleidoscope a* und *Kaleidoscope b* abnehmen Sie Seite 60. Auf jeden der gemusterten Stoffe zweimal die Schablone aufzeichnen und ausschneiden. Auf dem hellsten Stoff viermal das kleine Dreieck aufzeichnen und ausschneiden.

2. Ordnen Sie die Teile einander zu, wie auf Seite 9 angegeben. Vier Stoffpaare liegen sich jeweils gegenüber. Die vier kleinen Dreiecke aus dem hellen Stoff sollen an ein dunkles großes Dreieck stoßen.

3. Jetzt nähen Sie die kleinen Dreiecke an die Querseiten der großen und anschließend alle Teile, so wie sie gelegt sind, aneinander, bis sie eine Hälfte bilden. Dann die andere Hälfte nähen und zuletzt beide Hälften zusammennähen.

4. Aus einem der dunkelblauen Stoffe schneiden Sie zwei Streifen von 3 cm Breite und nähen sie um das Quadrat des „Kaleidoscope" so, daß zunächst zwei gegenüberliegende Seiten angenäht werden, dann die anderen.

5. Zwei weitere Streifen in 8 cm Breite schneiden Sie aus dem hellblauen Stoff und nähen sie wie die vorigen an.

6. Entsprechend der Vorderseite wird die Rückseite aus dem hellblauen Stoff zugeschnitten, drei Seiten zugenäht, die Ecken etwas abgeschnitten, umgestülpt und dann der Reißverschluß eingesetzt.

Eierwärmer

Material für vier Eierwärmer:	Hellblau uni:	10 cm (115 breit)
	Hellblau gemustert:	10 cm (115 breit)
	Dunkelblau gemustert:	10 cm (115 breit)
	Köper oder anderer fester Stoff:	15 cm (115 breit)
	Schrägband:	100 cm

Anleitung:

1. Von jedem Stoff einen Streifen von 3,5 cm in Stoffbreite zuschneiden.

2. Streifen in der unter Abb. A angegebenen Reihenfolge aneinandernähen. Nähte nach einer Seite umbügeln.

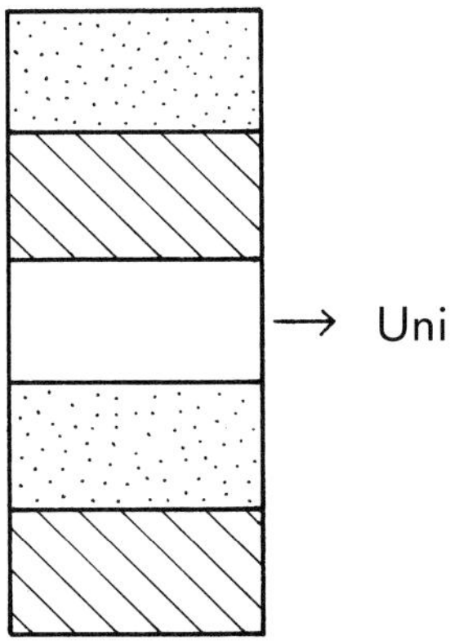

Abb. A

3. Aus Pappe eine kleine Schablone fertigen wie Abb. B.

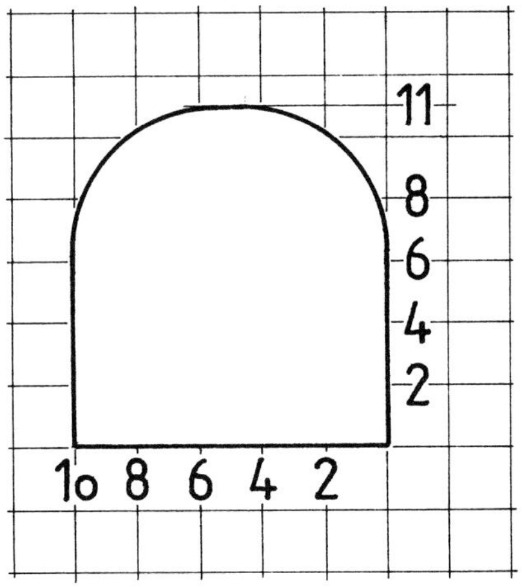

Abb. B

4. Schablone auf die zusammengenähten Streifen legen und markieren. Ebenso auf den Köper. Sowohl aus dem Köper als auch aus dem gestreiften Stoff jeweils 8 x aufzeichnen und ausschneiden.

5. Je zwei Patchworkseiten und zwei Futterseiten so aufeinanderlegen, daß die Patchworkseite nach außen zeigt.

6. Beide Teile der Geraden mit Schrägband einfassen.

7. Danach ein gefüttertes Vorderteil und Rückenteil rechts auf rechts aufeinanderlegen. Kleinen Zipfel aus Schrägband nähen, in die obere Mitte nach innen feststecken und den Eierwärmer in Füßchenbreite an den runden Außenseiten zusammennähen. Unterseite bleibt offen. Nähte mit Zickzack versäubern und umstülpen.

Teewärmer

Material:	Blau uni:	45 cm (115 breit)
	Hellblau gemustert:	20 cm (115 breit)
	Dunkelblau gemustert:	20 cm (115 breit)
	Schrägband:	90 cm

Anleitung:

1. Die Schablone *Teewärmer* entnehmen Sie Seite 61.

2. Schablone von jedem der beiden gemusterten Stoffe sechsmal aufzeichnen und ausschneiden.

3. Für die Vorder- und die Rückseite jeweils sechs Teile im Wechsel aneinanderbügeln, und zwar jeweils an den Längsseiten (die Rundungen bleiben offen) Abb. A.

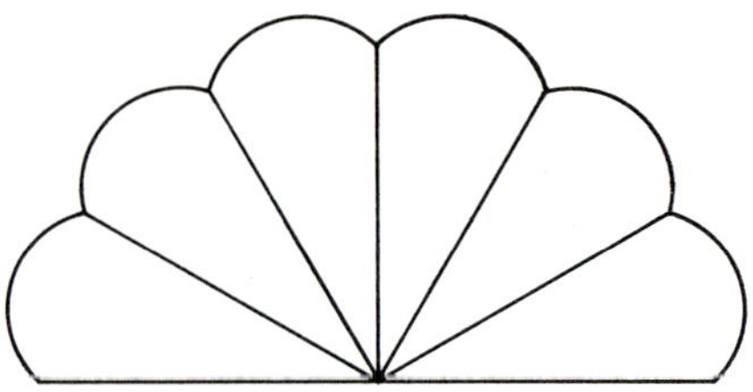

Abb. A

4. Aus Pappe eine Schablone für den Teewärmer machen und viermal auf dem Unistoff aufzeichnen und ausschneiden (Abb. B).

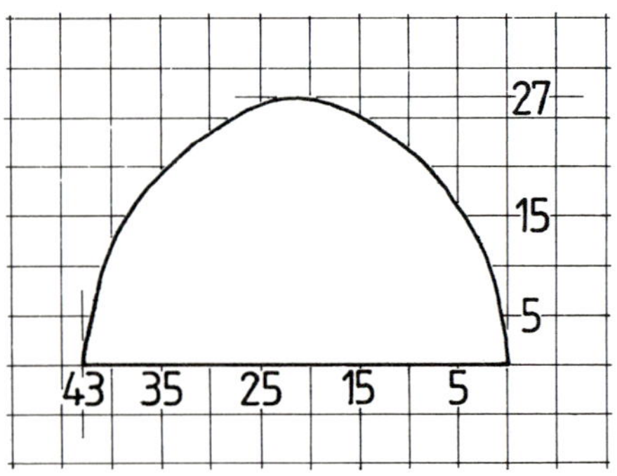

Abb. B

5. Auf je zwei Teile die Patchworkrosette aufsteppen, indem Sie ganz knappkantig die Rundungen und die Unterseite einschlagen, feststecken und absteppen.

6. Füllwatte mit Hilfe der Schablone zuschneiden, je eine Futterseite, Füllwatte und Patchworkoberseite zusammenstecken und entlang der einzelnen Rosettenteile im Nahtschatten absteppen. Überstände begradigen. An der unteren Seite jeweils mit Schrägband einfassen.

7. Zwei so zusammengefaßte Teile rechts auf rechts legen, feststecken und entlang der Rundung nähen. Umstülpen.

Set „Ohio-Star"

Material:

Rosa uni:	35 cm (115 breit)
Seegrün hell:	10 cm (115 breit)
Rosa gemustert:	20 cm (115 breit)
Schrägstreifen:	160 cm

ROSA GEMUSTERT	
Dreieck:	8 Teile
SEEGRÜN	
Dreieck:	4 Teile
ROSA UNI	
Dreieck:	4 Teile
Viereck:	5 Teile

Anleitung:

1. Die Schablonen *Ohio Star Dreieck* und *Ohio Star Viereck* von Seite 62 abnehmen.
Sie übertragen die Schablonen in der benötigten Anzahl auf den jeweiligen Stoff und schneiden sie aus.

2. Sie legen sich die Teile so zurecht, wie sie anschließend zusammengenäht werden sollen, um Irrtümer auszuschließen.

3. Fangen Sie so an, daß Sie erst die Dreiecke zu einem größeren Dreieck zusammennähen, ausbügeln und dann die neu entstandenen Dreiecke zu einem Viereck zusammensetzen. Das machen Sie ringsherum und bügeln alles gut aus.

4. Dann fügen Sie die Vierecke zu Längsstreifen aneinander, bügeln wieder und nähen die Längsstreifen zu einem großen Quadrat zusammen (s. auch Seite 8).

5. Schneiden Sie einen Streifen von 8,5 cm Breite zu und nähen ihn rechts und links des Sterns an.

6. Schneiden Sie einen Streifen von 4 cm Breite und nähen ihn an die Ober- und Unterkante des Sets.

7. Rückseite entsprechend der Patchwork-vorderseite zuschneiden.

8. Vorderseite nach oben auf die Rückseite feststecken und das Innenquadrat im Nahtschatten absteppen.

9. Ränder begradigen und Schrägstreifen ringsum annähen.

Topflappen in Herzform

Material für ein Paar Topflappen:	Dunkelgrün getupft:	25 cm (115 breit)
	Grün/pink gemustert:	25 cm (115 breit)
	Füllwatte:	25 cm (140 breit)
	Schrägband:	200 cm

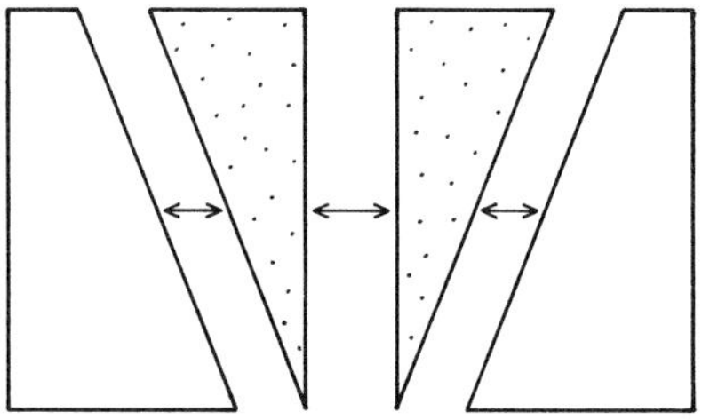

Abb. A

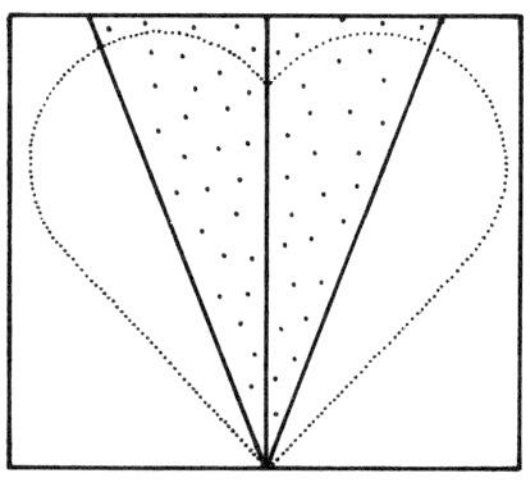

Abb. B

Anleitung:

1. Schablone *Herztopflappen A* und *Herztopflappen B* von Seite 61 abnehmen.

2. Auf Stoff übertragen, je Schablone zweimal (Achtung: davon zweimal seitenverkehrt) und ausschneiden.

3. Zusammennähen, wie in Abb. A angegeben.

4. Füllwatte zweimal in Größe 24 x 24 cm zuschneiden. Zwei Rückseiten aus dunkelgrün getupftem Stoff in gleicher Größe zuschneiden. Rückseite, Füllwatte und Patchworkoberseite aufeinanderlegen, feststecken und in den jeweiligen Nahtschatten absteppen.

5. Schablone *Herztopflappen C*, S. 61, wie in Abb. B erst auf die eine Hälfte auflegen, Umrisse markieren, umdrehen und die andere Seite markieren. Herz ausschneiden, Ränder mit Zickzack befestigen.

6. Mit Schrägband einfassen, beginnend in der Spitze.

7. Zwei Schlaufen in 11 cm Länge aus Schrägband fertigen und rechts und links an den oberen Herzseiten annähen.

Topflappen in Rosa/Grün

Material für ein Paar Topflappen:	2 versch. Grün gemustert:	je 20 cm (115 breit)
	Dunkelgrün gepunktet:	30 cm (115 breit)
	Rosa uni:	Rest
	Füllvlies:	30 cm (140 breit)
	Schrägband	

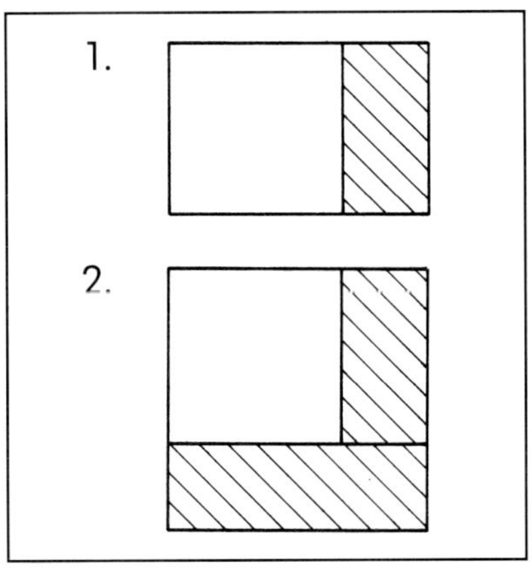

Abb. A

Anleitung:

1. Aus dem unirosa Stoff schneiden Sie zwei Quadrate von 6 cm, die restlichen Stoffe in 4,5 cm breite Streifen, zwei je Sorte.

2. Setzen Sie die Streifen so um das Quadrat, wie in Abb. A gezeigt. Beginnen Sie mit dem dunkelgrün gepunkteten Stoff, danach folgt der erste gemusterte grüne, dann wieder dunkelgrün gepunktet und so fort, bis Sie insgesamt fünf Streifenpaare angenäht haben.

3. Entsprechend der Größe der Vorderseite der Topflappen schneiden Sie die Rückseiten zu, ebenso die Füllwatte.

4. Legen Sie die drei Lagen aufeinander (Patchworkseite nach oben) und steppen Sie sie in drei verschiedenen Abständen im Nahtschatten durch.

5. Eventuelle Überstände abschneiden, einmal mit Zickzack ringsum nähen und das Schrägband mit einer Schlaufe annähen.

Der rot-blaue Topflappen (mit blauem Schrägband eingefaßt) von Seite 44/45 wird auch nach dieser Arbeitsanweisung genäht. Er unterscheidet sich lediglich in der Breite der Streifen und in der Größe des Quadrats. Das Quadrat mißt 5,5 cm und die Streifen 3,5 cm. Sie nähen deshalb statt fünf Streifenpaare sieben an das Quadrat.

Tischdecke „Log Cabin“

Material:

Rosa uni:	10 cm (115 breit)
Grün/rosa kleingemustert:	50 cm (115 breit)
Grün/rosa großgemustert:	50 cm (115 breit)
Hellgrün gemustert:	50 cm (115 breit)
Hellbeige m. grün gemustert:	50 cm (115 breit)
Naturweiß:	150 cm (115 breit)
Schrägstreifen:	370 cm

Anleitung:

1. Aus dem rosa Unistoff schneiden Sie sechzehn Quadrate von 6 cm Größe.

2. Aus den vier gemusterten Stoffen schneiden Sie Streifen in einer Breite von 4 cm.

3. Sie nehmen das erste Quadrat und nähen die Streifen herum, wie auf Seite 10 im Diagramm „Log Cabin“ beschrieben.

4. Wenn Sie das erste Quadrat geschafft haben, nähen Sie noch 15 weitere davon.

5. Wenn alle Quadrate fertig sind, nähen Sie sie zu vier großen Quadraten zusammen, und zwar so, daß die hellen beige gemusterten Stoffe immer zur Mitte liegen. Sie ersehen das Prinzip sehr gut auf der farbigen Abbildung auf dem nebenstehenden Foto.

6. Die vier neu entstandenen Quadrate werden so aneinander genäht, daß in der Mitte der grüne kleingemusterte Stoff liegt. Er bildet den kontrastreichen Mittelpunkt.

7. Wenn alles gut gebügelt ist, nähen Sie an zwei gegenüberliegende Seiten je einen Streifen von 12 cm Breite aus dem naturweißen Stoff an und danach an den beiden Längsseiten.

8. Die Rückseite aus dem naturweißen Stoff schneiden Sie etwas größer als die Patchworkvorderseite zu, bügeln sie und legen die Teile so aufeinander, daß die Patchworkseite nach oben zeigt. Stecken Sie alles gut fest und steppen Sie beide Teile im Nahtschatten des gemusterten Quadrats ab.

9. Begradigen Sie die Überstände der Rückseite und fassen Sie die Decke mit Schrägstreifen ein. Die Decke ist ca. 90 x 90 cm groß.

Schlafsack

Material:

3 verschiedene Hellblau:	
Gemusterte:	20 cm (115 breit)
Hellblau uni:	250 cm (115 breit)
Schafwollvlies oder Füllwatte:	120 cm (140 breit)
Schrägstreifen:	450 cm

Anleitung:

1. Von dem hellblauen Stoff für den rückwärtigen Teil des Schlafsacks zwei Teile von 125 x 60 cm zuschneiden. Danach für den Innenteil der Vorderseite ein Rechteck von 90 x 60 cm zuschneiden.

2. Sechs Streifen aus dem hellblauen Stoff von 7 cm Breite und 90 cm Länge schneiden. Einen Streifen aus gemustertem Stoff für die Mitte mit den gleichen Maßen zuschneiden und von den zwei übrigen gemusterten Stoffen je zwei Streifen von 7 cm Breite und 90 cm Länge.

3. Die Streifen abwechselnd, wie in Abb. A beschrieben, längs aneinandernähen.

Abb. A

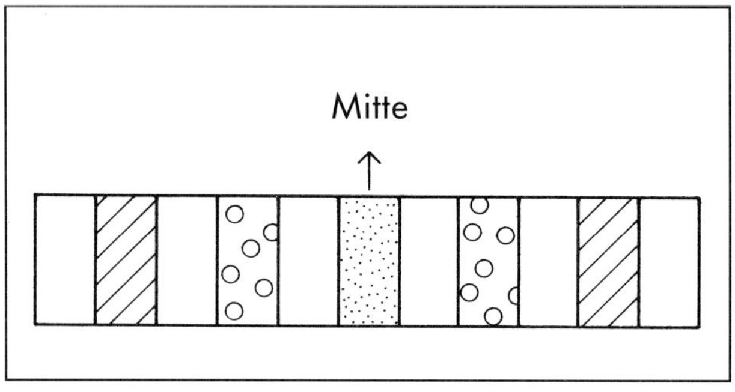

4. Die Nähte in eine Richtung bügeln.

5. Schafwollvlies oder Füllwatte in den Abmessungen 125 x 60 cm und 90 x 60 cm zuschneiden.

6. Für die Rückseite des Schlafsacks Stoffteile bügeln. Auf der einen Stoffseite dünne Markierungen für die Steppnähte anbringen (am besten mit Bleistift). Hier wurden die Karos von 20 x 20 cm abgesteppt. Vlies auf die Unterseite legen und darauf die markierte Oberseite. Alles gut feststecken und die Karos absteppen.
Die vier Ecken abrunden (als Schablone kann ein Teller dienen), die Stoffüberstände abschneiden und mit Zickzack befestigen.

7. Für die Vorderseite bügeln Sie den Unistoff von 90 x 60 cm, legen das Vlies darauf und stecken das aus Streifen genähte Patchworkvorderteil darauf. Dann steppen Sie mit einem passenden Garn im Nahtschatten der Streifen die drei Teile ab, um eine gute Festigkeit zu erreichen.

8. An dem „Fußende" des Vorderteils werden die Ecken abgerundet gemäß der Rückseite des Schlafsacks. Der „Einstieg" bleibt gerade. Auch hier die Überstände begradigen und mit Zickzack befestigen.

9. „Einstieg" mit Schrägband einfassen. Dann die Vorderseite auf der Rückseite feststecken und mit Schrägband ringsum einfassen.

10. Falls Sie auch eine kleine Applikation anbringen wollen, müssen Sie das dann tun, wenn die Streifen alle aneinandergenäht sind und bevor das Vlies eingenäht wurde.

Lätzchen

Material:	Hell gemustert:	20 cm (115 breit)
	Dunkel gemustert:	20 cm (115 breit)
	Kontrast für die Mitte:	Rest
	Frotteestoff:	26 x 26 cm
	Schrägband:	160 cm

Anleitung:

1. Als Mittelpunkt ein Quadrat von 6 cm aufzeichnen und ausschneiden.

2. Je Stoffart zweimal zwei Streifen von 4 cm Breite auf dem Stoff markieren und ausschneiden.

3. Um das Quadrat herum die Streifen annähen (Abb. A). Die Streifen werden in der gleichen Reihenfolge aneinandergenäht – gegenüberliegende Seiten unmittelbar nacheinander – wie auf Seite 10 im Diagramm „Log Cabin" beschrieben. Lediglich die Farbanordnung ist anders.

4. Frotteestoff als Rückseite für das Lätzchen zuschneiden. Beide Teile aufeinanderstecken. Inneres Quadrat und äußeres Quadrat einmal im Nahtschatten durchsteppen.

5. Schablone gemäß der Abb. B aus Pappe fertigen und auf das Lätzchen legen. Umrisse markieren und entsprechend ausschneiden.

6. Lätzchen mit Schrägband einfassen, beginnend an einer Ecke des Halsausschnitts bis zur anderen Ecke. Restliches Schrägband (mindestens jedoch 65 cm) als Bänder zum Einfassen des Halsausschnittes verwenden.

Abb. A

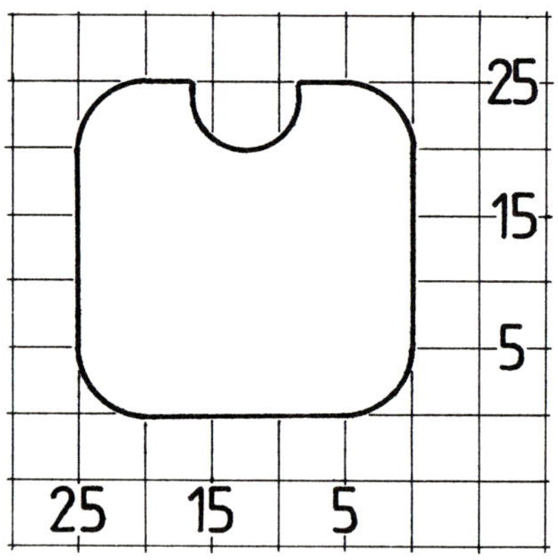

Abb. B

Set „Kaleidoscope“

Material:	2 hellblau gemustert:	je 20 cm (115 breit)
	Dunkelblau gemustert:	20 cm (115 breit)
	Dunkelblau gemustert:	35 cm (115 breit)
	Schrägband:	160 cm

Anleitung:

1. Schablonen *Kaleidoscope a* und *Kaleidoscope b,* Seite 60, abnehmen. Auf jeden der gemusterten Stoffe zweimal die Schablone aufzeichnen und ausschneiden. Auf den hellsten Stoff viermal das kleine Dreieck aufzeichnen und ausschneiden.

2. Ordnen Sie die Teile einander zu, wie auf Seite 9 angegeben. Vier Stoffpaare liegen sich jeweils gegenüber. Die vier kleinen Dreiecke aus dem hellen Stoff sollen an ein dunkles großes Dreieck stoßen.

3. Jetzt nähen Sie die kleinen Dreiecke an die Querseiten der großen und anschließend alle Teile, so wie sie gelegt sind, aneinander, bis sie eine Hälfte bilden. Dann die andere Hälfte nähen und zuletzt beide Hälften zusammennähen.

4. Sie schneiden aus dem dunkelblauen Stoff einen Streifen von 9 cm Breite und einen von 4 cm.

5. Die breiten Streifen nähen Sie rechts und links an, die schmalen oben und unten.

6. Entsprechend der Setgröße schneiden Sie die Rückseite zu, legen beide Teile aufeinander, steppen im Nahtschatten der Umrandung einmal durch und fassen den Set mit Schrägband ein.

Falls Sie eine größere Festigkeit des Sets wünschen, können Sie den Patchworkteil auch mit Vlieseline unterlegen. Das machen Sie am besten dann, wenn Sie die Teile aufgezeichnet haben, und schneiden sie erst nach dem Aufbügeln aus.

Einkaufsbeutel „Log Cabin" und „Courthouse Step"

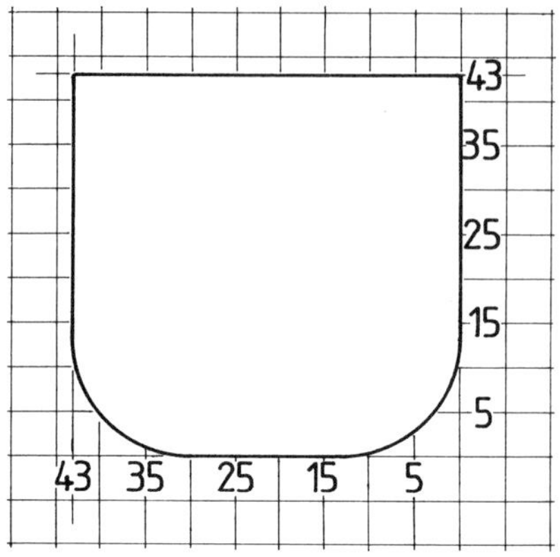

Abb. A

Material:

3 verschiedene Hellblau gemustert: je 30 cm (115 breit)
3 verschiedene Dunkelblau gemustert: je 30 cm (115 breit)
Dunkelblau gemustert: 60 cm (115 breit)
Rot uni: 10 cm (115 breit)
Köper oder ähnlich fester Stoff: 50 cm (115 breit)
Schrägband: 450 cm

Anleitung für „Log Cabin"

1. Schneiden Sie aus allen gemusterten Stoffen je zwei Streifen von 4 cm Breite zu.
Ferner vier Quadrate von 6 cm aus dem roten Unistoff.

2. Nähen Sie die Streifen wie auf Seite 10 im Diagramm „Log Cabin" beschrieben an das Quadrat. Der erste Stoff wiederholt sich nochmals als vierter und letzter Streifen, sowohl in Hellblau als auch in Dunkelblau.

3. Die erhaltenen vier Blöcke nähen Sie so aneinander, daß die hellblauen äußeren Streifen in der Mitte ein Kreuz bilden.

4. Fertigen Sie sich aus Pappe eine Schablone, wie in Abb. A angegeben.

5. Schneiden Sie entsprechend der Größe der Patchworkoberseite zweimal den Köperstoff zu und eine Rückseite aus dem dunkelblau gemusterten Stoff.

6. Legen Sie die Patchworkoberseite auf eine Seite Köper (links auf links), gut feststecken und steppen die Mittelquadrate ab. Dann legen Sie die zweite Köperstoffseite auf die Taschenrückseite, stecken Sie die Teile gut fest.

7. Markieren Sie die Taschengröße mit Hilfe Ihrer Schablone auf beiden Stoffteilen. Überstände ringsherum abschneiden.

8. Fassen Sie jede der beiden Taschenteile an der Oberkante mit Schrägband ein.

9. Legen Sie die beiden Taschenteile aufeinander (Innenseiten gegeneinander) und nähen sie ringsum mit Zickzack zusammen.

10. Nun fassen Sie die Tasche mit Schrägband ein, beginnend an der Taschenoberseite.

11. Schneiden Sie vier Streifen von dem dunkelblauen Stoff je 115 cm Länge und 4 cm Breite, legen je zwei Streifen links auf links gegeneinander und fassen sie mit Schrägband ein. Die Trageriemen werden an den Innenseiten der Tasche angenäht.

Anleitung für „Courthouse Step"

Für den Einkaufsbeutel „Courthouse Step" (Bild auf Seite 41) benötigen Sie die gleichen Stoffmengen wie für „Log Cabin". Die Arbeit unterscheidet sich lediglich in der Anordnung der Farben. Sie nähen also immer alle hellen bzw. dunklen Stoffe an die sich gegenüberliegenden Seiten (siehe auch Anleitung auf Seite 11).

Jeanstasche

Material:	Jeansstoff:	50 cm (115 breit)
	3 versch. Rot gemustert:	je 20 cm (115 breit)
	3 versch. Blau gemustert:	je 20 cm (115 breit)
	Rot uni:	10 cm (115 breit)
	Schrägband:	400 cm

Anleitung:

1. Schneiden Sie aus allen gemusterten Stoffen je einen Streifen von 4,5 cm Breite und aus dem roten Unistoff 2 Quadrate von 6 cm.

2. Nähen Sie die Streifen so um das Quadrat, wie auf Seite 10 im Diagramm „Log Cabin" beschrieben. Die Arbeit entspricht in der Anordnung der Farben aber dem Motiv „Courthouse Step". Sie nähen also immer die hellen bzw. dunklen Stoffe an die sich gegenüberliegenden Seiten.

3. Nähen Sie zwei Blöcke aus den angegebenen Stoffen, runden beide an der Unterseite ab und fassen Sie diese mit Schrägband ein.

4. Aus dem Jeansstoff schneiden Sie ein Rechteck mit den Maßen 84 x 40 cm.

5. Ihre beiden Patchworkblöcke steppen Sie an drei Seiten (die obere Seite bleibt offen) an die Mitte der Vorder- bzw. Rückseite der Tasche. Fassen Sie die beiden Querseiten mit Schrägband ein.

6. Klappen Sie das Teil zu einer Tasche zusammen, so daß die rechte Seite innen liegt. Am Stoffbruch schlagen Sie ein Teil von 2 cm um (Sie erhalten so eine Taschenfalte) und nähen die Seiten zusammen.

7. Die Tasche umstülpen, die untere Falte fest einbügeln.

8. Schneiden Sie 2 Streifen aus dem Jeansstoff von 115 cm Länge und 4 cm Breite und fassen sie mit Schrägband ein. Die Trageriemen werden an den Innenseiten der Tasche angenäht.

Kissenhülle „Little Love Nest"

BEIGE MIT BLAU	
Schablone 1:	1 Teil
ZARTBLAU MIT ROT	
Schablone 2:	4 Teile
Schablone 3:	1 Teil
Schablone 4:	1 Teil
Schablone 6:	1 Teil
DUNKELBLAU GEMUSTERT	
Schablone 5:	1 Teil
Schablone 6:	1 Teil
ROT GEMUSTERT	
Schablone 2:	1 Teil
Schablone 3:	3 Teile
BEIGE UNI	
Schablone 2:	1 Teil
Schablone 3:	2 Teile
Schablone 7:	2 Teile

Material:

Rot gemustert:	20 cm (115 breit)
Dunkelblau gemustert:	10 cm (115 breit)
Zartblau mit Rot:	10 cm (115 breit)
Beige mit Blau:	10 cm (115 breit)
Beige uni:	50 cm (115 breit)

Anleitung:

1. Schablonen *Little Love Nest 1* bis *Little Love Nest 7* von Seite 62 und 63 abnehmen.

2. Aus der nebenstehenden Tabelle geht hervor, für welchen Stoff Sie welche Schablone benötigen und wie oft Sie diese übertragen und ausschneiden müssen.

3. Nähen Sie die Einzelteile so zusammen, wie im Diagramm auf Seite 9 „Little Love Nest" beschrieben.

4. Zwei Streifen (rot gemustert) von 4 cm Breite schneiden. Zunächst Streifen an zwei sich gegenüberliegende Seiten des Quadrats nähen, dann an die anderen sich gegenüberliegenden Seiten.

5. Zwei Streifen von 7 cm (beige) schneiden und in der gleichen Reihenfolge wie 4. annähen.

6. Kissenrückseite aus beigefarbenem Stoff in der Größe der Patchworkvorderseite zuschneiden. Rechts auf rechts legen, feststecken und drei Seiten zunähen. Die Hülle wenden und den Reißverschluß einnähen. Die Kissenhülle ist 40 x 40 cm groß.

Beim Kissen mit blauem Rand ändern Sie die Stoffteile entsprechend der Abbildung.

Topflappen mit Mittelquadrat

Material für ein Paar Topflappen:	3 versch. Blau gemustert:	je 10 cm (115 breit)
	Rot gemustert:	Rest
	Rot uni:	25 cm (115 breit)
	Blau uni:	5 cm (115 breit)
	Füllwatte:	30 cm
	Schrägband:	200 cm

Anleitung:

1. Sie schneiden die vier blauen Stoffe in 3 cm breite Streifen, je Farbe zweimal, und zwei Quadrate aus dem rot gemusterten Stoff in 4,5 cm Größe.

2. Sie nähen die Streifen um das Quadrat, bis alle vier Stoffe einmal verwendet wurden. Es werden auch hier immer die gegenüberliegenden Seiten direkt nacheinander genäht (so wie auf Seite 10 im Diagramm „Log Cabin" beschrieben).

3. Danach schneiden Sie entsprechend den beiden Vorderseiten die Rückseiten zu und auch die Füllwatte. Legen Sie alle drei Teile aufeinander (Patchworkseite nach oben) und steppen die drei Lagen in zwei verschiedenen Abständen im Nahtschatten durch.

4. Sie runden die Ecken etwas ab und nähen mit Zickzack einmal herum. Danach fassen Sie die Topflappen mit Schrägband ein (Schlaufe nicht vergessen).

Die Arbeitsanleitung für den Topflappen im Hintergrund finden Sie auf Seite 28.

Set „Little Love Nest"

ALTROSA UNI	
Schablone 1:	1 Teil
Schablone 2:	1 Teil
Schablone 3:	2 Teile
Schablone 6:	1 Teil
Schablone 7:	2 Teile
ALTROSA GEMUSTERT	
Schablone 6:	1 Teil
Schablone 5:	1 Teil
DUNKELBLAU-ROSA GEMUSTERT	
Schablone 2:	1 Teil
Schablone 3:	3 Teile
HELLROSA GEMUSTERT	
Schablone 2:	4 Teile
Schablone 3:	1 Teil
Schablone 4:	1 Teil

Material:

Altrosa uni:	20 cm (115 breit)
Altrosa gemustert:	20 cm (115 breit)
Dunkelblau-/rosa gemustert:	30 cm (115 breit)
Hellrosa gemustert:	20 cm (115 breit)
Schrägband:	160 cm

Anleitung:

1. Schablonen *Little Love Nest 1* bis *Little Love Nest 7* von Seite 62 und 63 abnehmen.

2. Aus der nebenstehenden Tabelle geht hervor, für welchen Stoff Sie welche Schablone benötigen und wie oft Sie diese übertragen und ausschneiden müssen.

3. Nähen Sie die Einzelteile so zusammen, wie auf Seite 9 „Little Love Nest" im Diagramm beschrieben.

4. Schneiden Sie aus dem dunkelblau-rosa gemusterten Stoff einen Streifen von 9 cm Breite und einen Streifen von 4 cm Breite.

5. Die breiten Streifen nähen Sie rechts und links an den Set und den schmalen oben und unten.

6. Entsprechend der Setgröße schneiden Sie die Rückseite zu, legen beide Teile aufeinander, steppen im Nahtschatten der Umrandung einmal durch und fassen den Set mit Schrägband ein.

Falls Sie eine größere Festigkeit des Sets wünschen, können Sie den Patchworkteil auch mit Vlieseline unterlegen. Das machen Sie am besten dann, wenn Sie die Teile aufgezeichnet haben und schneiden erst nach dem Aufbügeln aus.

Tischläufer „Little Love Nest"

DUNKELBLAU GEMUSTERT	
Schablone 5:	2 Teile
Schablone 3:	4 Teile
WEISS-HELLBLAU GEMUSTERT:	
Schablone 2:	8 Teile
Schablone 3:	2 Teile
Schablone 4:	2 Teile
ROSA GEMUSTERT	
Schablone 2:	2 Teile
Schablone 3:	2 Teile
BEIGE GEMUSTERT	
Schablone 1:	2 Teile
HELLBLAU UNI	
Schablone 2:	2 Teile
Schablone 3:	4 Teile
Schablone 6:	4 Teile
Schablone 7:	4 Teile

Material:

Dunkelblau gemustert:	10 cm (115 breit)
Weiß/hellblau gemustert:	10 cm (115 breit)
Rosa gemustert:	10 cm (115 breit)
Beige gemustert:	100 cm (115 breit)
Hellblau uni:	100 cm (115 breit)

Anleitung:

1. Schablonen *Little Love Nest 1* bis *Little Love Nest 7* von Seite 62 und 63 abnehmen.

2. Aus der nebenstehenden Tabelle geht hervor, für welchen Stoff Sie welche Schablone benötigen, und wie oft Sie diese übertragen und ausschneiden müssen.

3. Sortieren Sie die Teile, wie sie anschließend zusammengenäht werden sollen.

4. Einzelteile zusammennähen, wie auf Seite 9 im Diagramm „Little Love Nest" beschrieben.

5. Drei Streifen aus dem beige gemusterten Stoff von 4 cm Breite zuschneiden.

6. Die fertigen Häuser gut bügeln und an dem jeweiligen „Himmel" einen Streifen des beige gemusterten Stoffs annähen. Überstand abschneiden.

7. Für den Mittelteil des Läufers ein Rechteck von 25 x 38 cm zuschneiden. Sie verbinden damit die beiden Häuser, indem Sie das Rechteck an die beige gemusterten Seiten des „Himmels" der Häuser annähen. Eventuell Seitenüberstände abschneiden.

8. Sie haben nun ein ca. 90,5 cm langes Teil, an welches Sie aus dem beige gemusterten Stoff die Streifen an den Längsseiten annähen.

9. Wieder an den Längsseiten nähen Sie je einen Streifen von 5,5 cm aus dem hellblauen Stoff an, bügeln die Nähte um und nähen dann die gleichen Streifen an der oberen und unteren Breitseite an.

10. Entsprechend der Patchworkoberseite schneiden Sie die Rückseite zu, legen die Stoffteile so aufeinander, daß die rechte Seite oben ist, und stecken alles gut fest. Danach steppen Sie das innere hellblaue Rechteck im Nahtschatten ab und dann das äußere. Dadurch bekommen die Teile eine feste Verbindung.

11. Danach fassen Sie den Tischläufer mit farblich passendem Schrägband ein.

Baby-Krabbeldecke „Little Love Nest"

HELLBLAU GEMUSTERT	
Schablone 1:	4 Teile
GELB GEMUSTERT	
Schablone 2:	16 Teile
Schablone 3:	4 Teile
Schablone 4:	4 Teile
ROT GEMUSTERT	
Schablone 2:	4 Teile
Schablone 3:	4 Teile
BLAU GEMUSTERT	
Schablone 3:	8 Teile
Schablone 5:	4 Teile
HELLBLAU UNI	
Schablone 6:	8 Teile
GELB UNI	
Schablone 2:	4 Teile
Schablone 3:	8 Teile
Schablone 7:	8 Teile

Material:

Blau gemustert:	50 cm (115 breit)
Gelb kleingemustert:	25 cm (115 breit)
Hellblau gemustert:	10 cm (115 breit)
Hellblau uni:	10 cm (115 breit)
Rot gemustert:	10 cm (115 breit)
Gelb uni:	175 cm (115 breit)
Füllwatte:	125 x 125 cm

Anleitung:

1. Schablonen *Little Love Nest 1* bis *Little Love Nest 7* von Seite 62 und 63 abnehmen.
Aus der nebenstehenden Tabelle geht hervor, für welchen Stoff Sie welche Schablone benötigen und wie oft Sie diese übertragen und ausschneiden müssen.

3. Sortieren Sie die Teile, wie sie anschließend zusammengenäht werden sollen.

4. Nähen Sie die Einzelteile so zusammen, wie auf Seite 9 im Diagramm „Little Love Nest" beschrieben.

5. Vier Blöcke dieser Art nähen.

6. Fünf Quadrate 25,5 x 25,5 cm aus unigelbem Stoff ausschneiden.

7. Streifen aus blaugemustertem Stoff in 4,5 cm Breite zuschneiden. Zunächst in der ersten Reihe zwischen die drei Blöcke Streifen nähen und so fort, bis drei große Streifen entstanden sind. Dann zwischen die drei großen Streifen die schmalen setzen, bis ein großes Quadrat entstanden ist. Sodann die schmalen Außenstreifen annähen.

8. Unigelbe Streifen in 20 cm Breite als Abschluß zuschneiden und drumherumnähen.

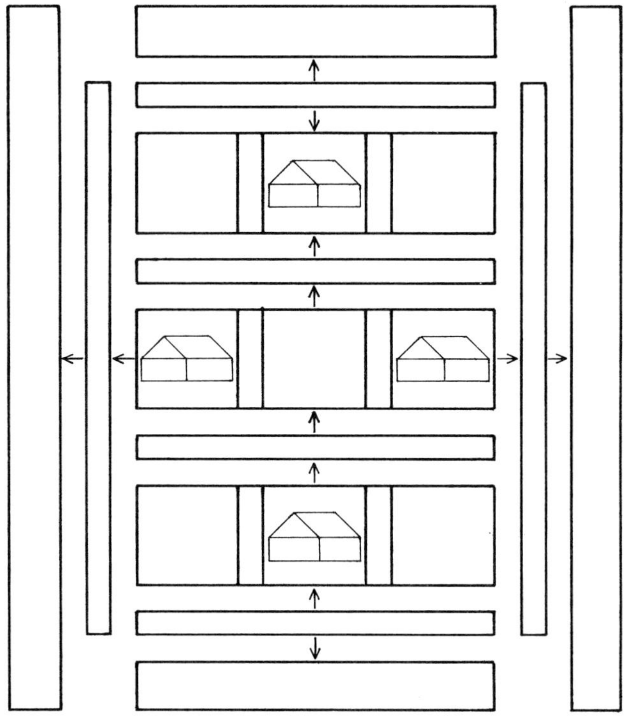

Die Abbildung verdeutlicht die Schritte 6 bis 8.

9. Patchworkoberseite rechts auf rechts mit der Rückwand legen, Füllwatte drauflegen, gut feststecken, an drei Seiten zunähen, Stoffseiten begradigen, wenden. Vierte Seite mit der Hand zunähen, glattstreifen, heften und jeden Block an den Innenseiten absteppen. Außenkante der Decke im Abstand von ca. 2 cm nochmals absteppen.

10. Fertigmaß der Decke 118 x 118 cm.

Stuhlkissen

Material:	Schwarz uni:	60 cm (115 breit)
	Streifenstoff bunt:	20 cm (115 breit)
	Schwarz/blau gemustert:	10 cm (115 breit)
	Hellblau uni:	Rest
	Reißverschluß	

Anleitung:

1. Schneiden Sie ein Quadrat in der Größe von 6 cm aus dem hellblauen Stoff, von dem gestreiften (quer zum Streifenverlauf) und schwarzen Stoff je zwei Streifen von 3,5 cm Breite und von dem schwarz/blaugemusterten einen Streifen.

2. Nähen Sie die Streifen, wie auf Seite 10 im Diagramm „Log Cabin" beschrieben, um das Quadrat. Sie beginnen mit dem schwarzen Stoff. Der nächste Stoff ist der gestreifte, dann wieder schwarz, danach der schwarz/blaugemusterte, schwarz und nochmals gestreift. Zum Schluß schneiden Sie aus schwarz einen Streifen von ca. 9 cm Breite (messen Sie jedoch vorher die Sitzfläche des Stuhls aus, falls er von dem hier zugrundeliegenden Endmaß von 40 × 40 cm abweicht) und nähen die Streifen an.

3. Schneiden Sie entsprechend der Vorderseite die Rückseite aus schwarzem Stoff zu. Machen Sie sich – falls erforderlich – eine Schablone der Sitzfläche, oder richten Sie sich nach der Größe der Schaumstoffplatte für die Größe der Hülle.

4. Legen Sie die Vorder- mit der Rückseite rechts auf rechts und schließen Sie drei Seiten. Die Hülle wenden und Reißverschluß einnähen.

Tischläufer „Kaleidoscope"

Material:

Beige gemusterte (2 verschiedene Stoffe):	je 40 cm (115 breit)
Braun/beige gemusterte (2 verschiedene Stoffe):	je 40 cm (115 breit)
Beige uni:	80 cm (120 breit)
Schrägband:	340 cm

Anleitung

1. Schablonen *Kaleidoscope A* und *Kaleidoscope B* abnehmen von Seite 60. Auf jeden der vier gemusterten Stoffe sechsmal die Schablone aufzeichnen und ausschneiden. Auf dem dunkelsten Stoff zwölfmal das kleine Dreieck aufzeichnen und ausschneiden.

2. Für das erste „Kaleidoscope" brauchen Sie je Stoff zwei Teile der großen und vier Teile der kleinen Dreiecke.

3. Ordnen Sie die Teile einander zu, wie auf S. 9 angegeben. Vier gleiche Stoffpaare liegen sich jeweils gegenüber. Die vier kleinen Dreiecke aus dem dunkleren Stoff sollen an ein helles großes Dreieck stoßen.

4. Jetzt nähen Sie die kleinen Dreiecke an die Querseiten der großen Dreiecke und anschließend alle Teile, so wie sie gelegt sind, aneinander, bis sie eine Hälfte bilden. Dann die andere Hälfte nähen und zuletzt beide Hälften zusammennähen.

5. Sie nähen nach dem gleichen Schema zwei weitere „Kaleidoscope" und fügen alle drei zusammen.

6. Aus dem beigefarbenen Stoff schneiden Sie drei Streifen von je 6,5 cm Breite und 120 cm Länge zu. Nähen Sie diese erst an die beiden Stirnseiten, dann an die Längsseiten an.

7. Entsprechend der Größe der Vorderseite schneiden Sie die Rückseite aus dem beigefarbenen Stoff zu, legen beide Teile aufeinander und steppen einmal im Nahtschatten der Außenumrandung ab. Mit Schrägstreifen einfassen.

Der Tischläufer hat die Maße 120 x 47 cm.

Wandteppiche

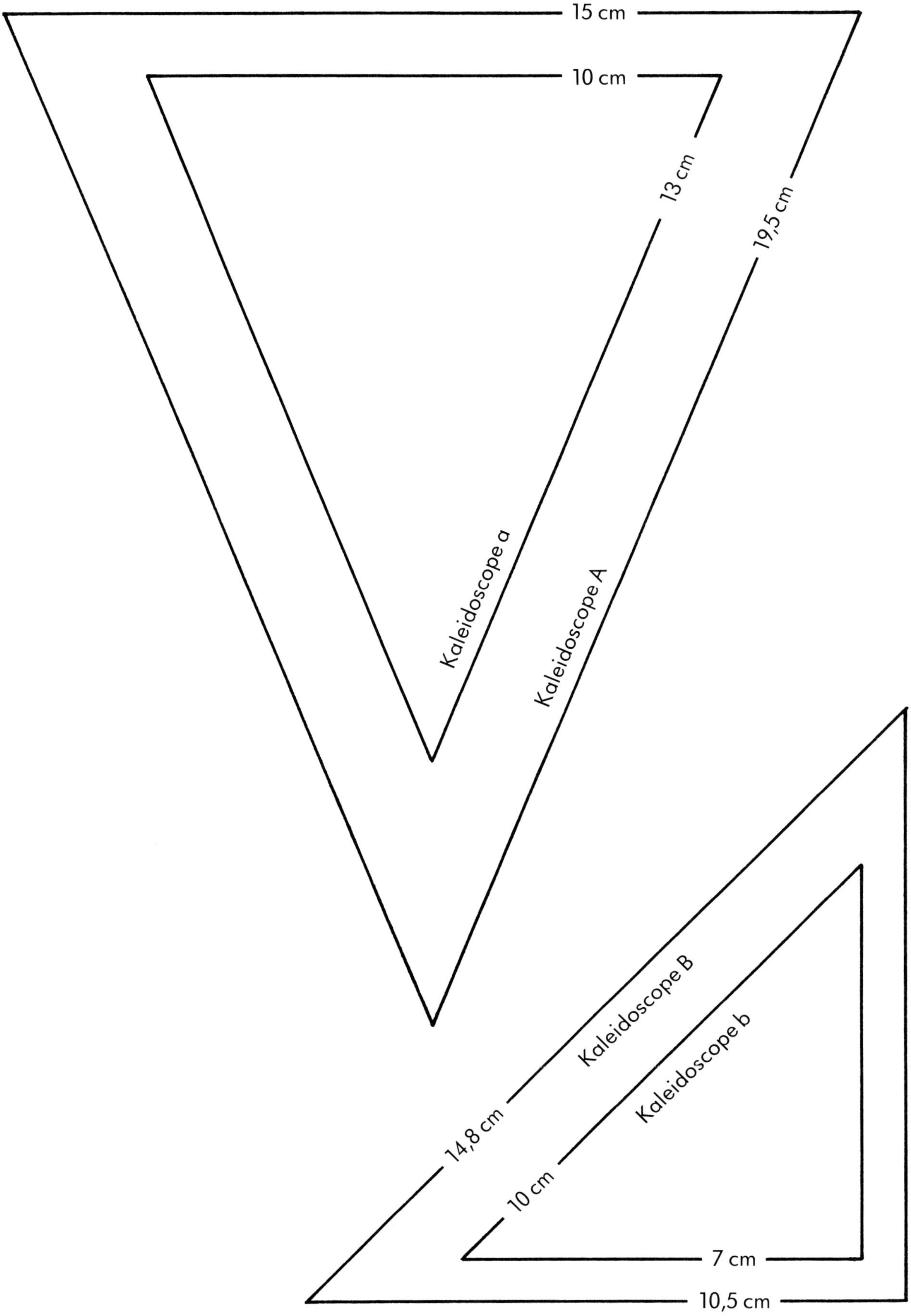
15 cm
10 cm
13 cm
19,5 cm
Kaleidoscope a
Kaleidoscope A
Kaleidoscope B
Kaleidoscope b
14,8 cm
10 cm
7 cm
10,5 cm

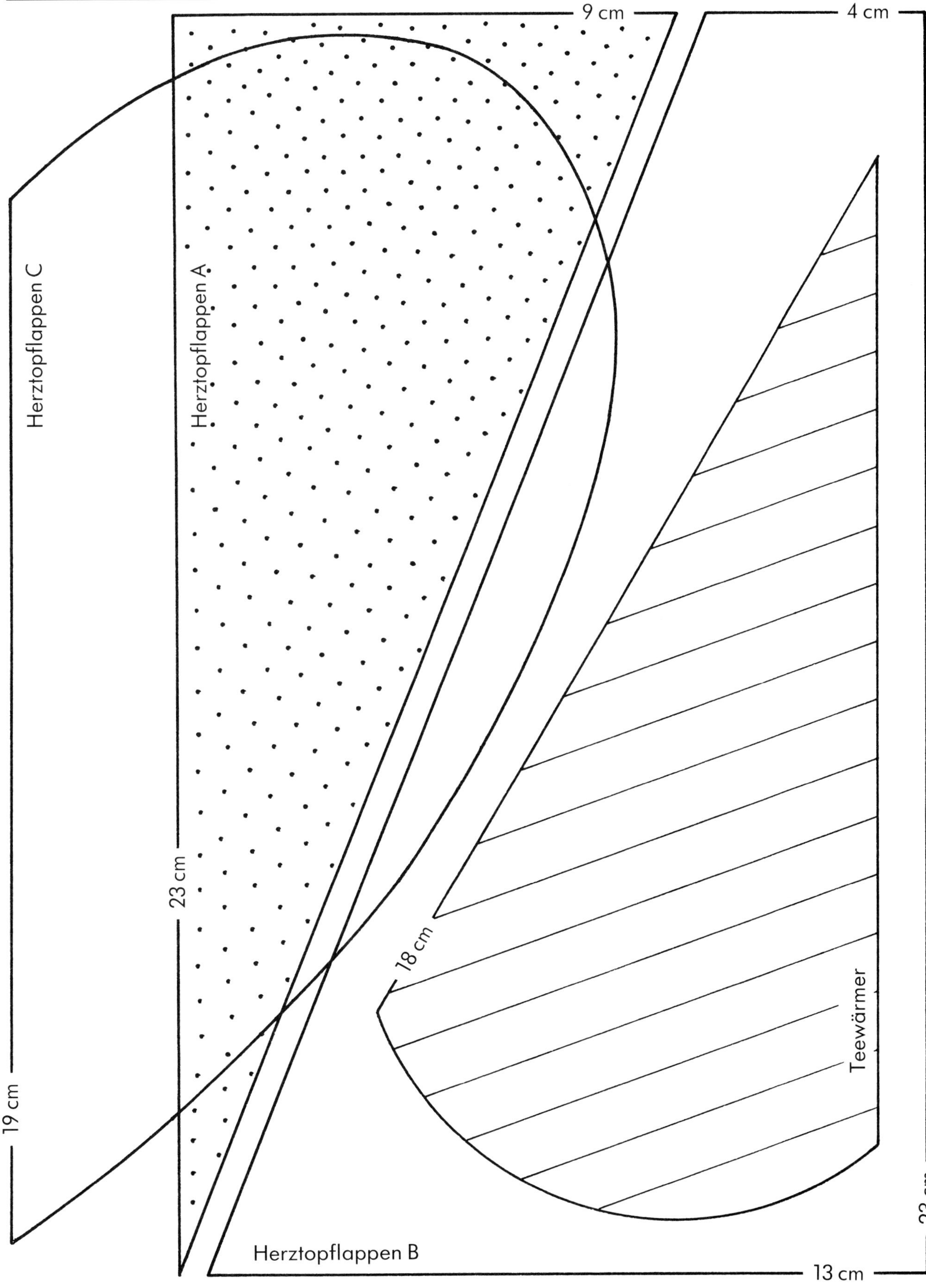
9 cm
4 cm
Herztopflappen C
Herztopflappen A
23 cm
18 cm
Teewärmer
19 cm
23 cm
Herztopflappen B
13 cm

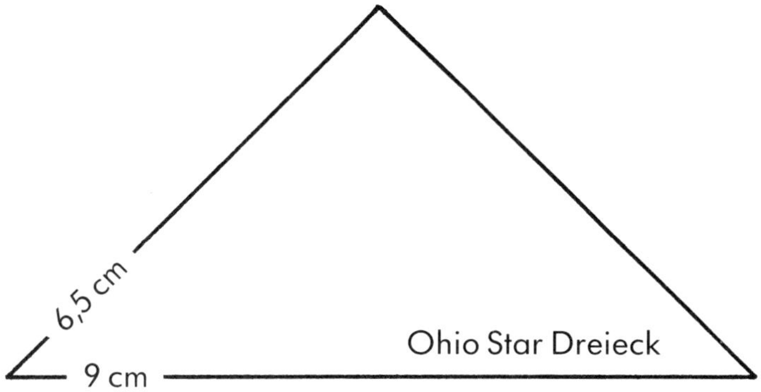
6,5 cm
9 cm
Ohio Star Dreieck

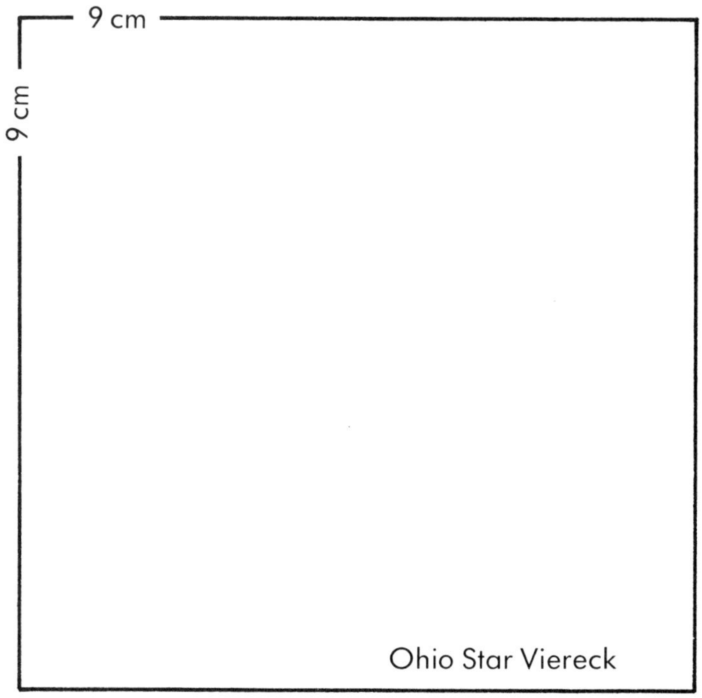
9 cm
9 cm
Ohio Star Viereck

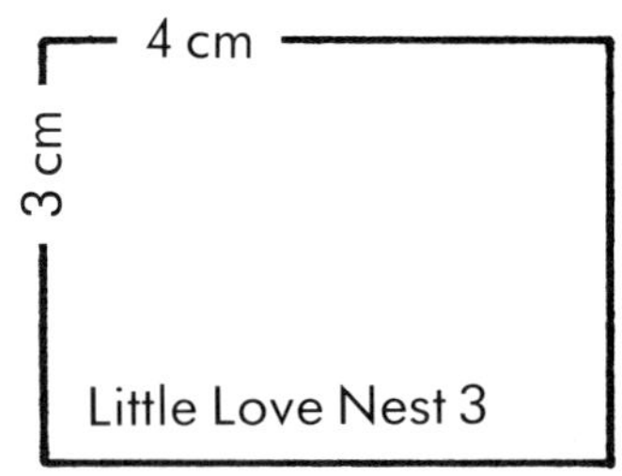
4 cm
3 cm
Little Love Nest 3

24 cm
6 cm
Little Love Nest 1

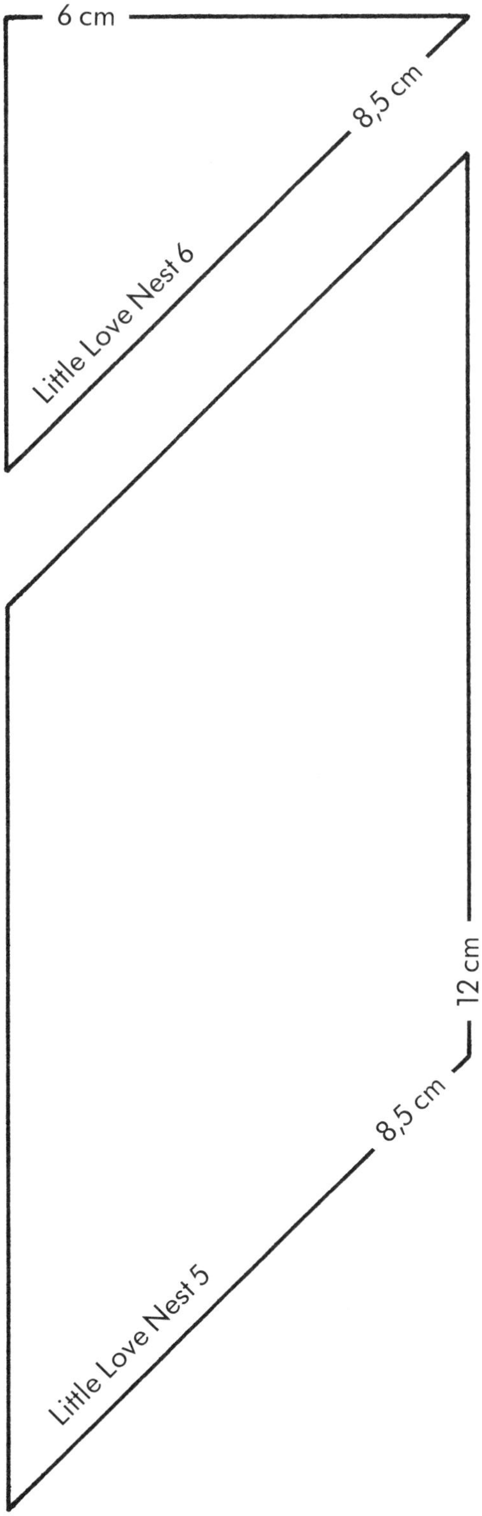
6 cm
8,5 cm
Little Love Nest 6
12 cm
8,5 cm
Little Love Nest 5

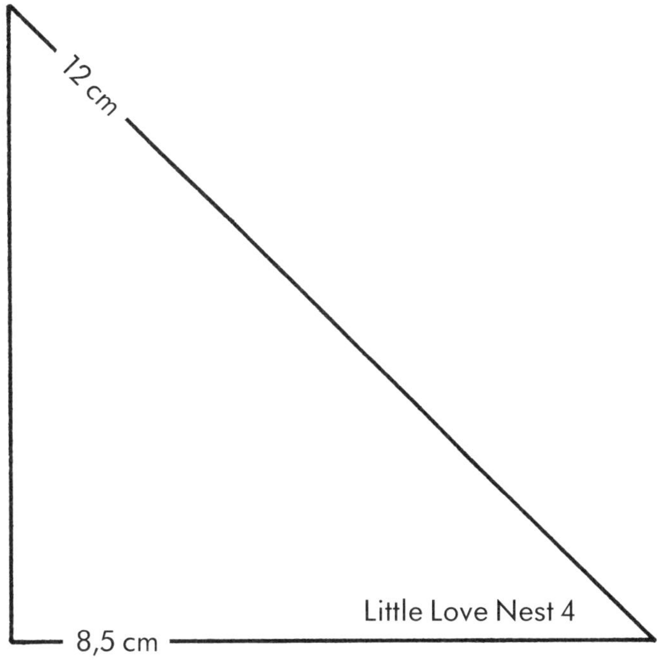
12 cm
8,5 cm
Little Love Nest 4

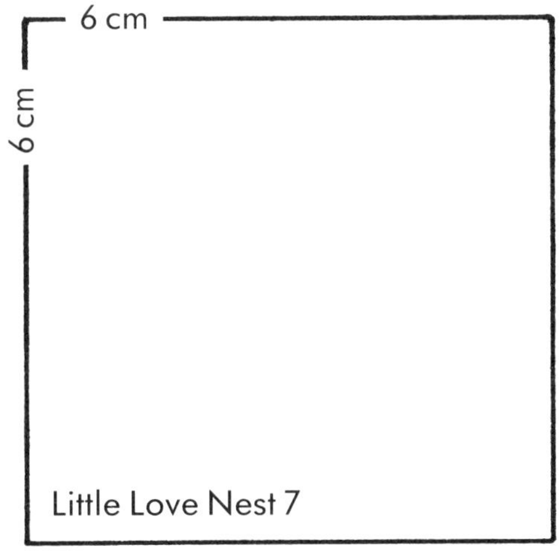
6 cm
6 cm
Little Love Nest 7

4 cm
6 cm
Little Love Nest 2